U0375003

科里科气科技馆科普丛书

主编 / 朱道宏

走近广玉兰

—— A STEP CLOSER to LOTUS MAGNOLIA ——

葛宇春　方海虹　陈　俊 / 编著

中国科学技术大学出版社

内容简介

作为合肥市市树，广玉兰具有示范性的科普价值、悠久的人文历史与很高的生态价值。本书以时间为线索，从花的诞生开始，讲述广玉兰的进化与演变过程，以及广玉兰在合肥地区的种植历史和人文故事，展示广玉兰一年四季的生长过程，探讨广玉兰的美学及生态价值，呼吁读者珍惜自然、热爱自然、保护自然。

本书可作为科普场馆、科学教育机构的科普讲义，以及学校教师和学生、科学爱好者、自然爱好者、环保教育者及植物研究者等的科普读物，也可作为相关课程的教学参考资料。

图书在版编目(CIP)数据

走近广玉兰 / 葛宇春，方海虹，陈俊编著. -- 合肥 ：中国科学技术大学出版社，2025.4. -- ISBN 978-7-312-06176-9

Ⅰ. Q949.747.1

中国国家版本馆 CIP 数据核字第 2025T5U304 号

走近广玉兰

ZOUJIN GUANGYULAN

出版 中国科学技术大学出版社
安徽省合肥市金寨路 96 号，230026
http://press.ustc.edu.cn
https://zgkxjsdxcbs.tmall.com

印刷 安徽国文彩印有限公司

发行 中国科学技术大学出版社

开本 787 mm×1092 mm 1/16

印张 7

字数 78 千

版次 2025 年 4 月第 1 版

印次 2025 年 4 月第 1 次印刷

定价 40.00 元

前言

广玉兰树形优美，四季常青，花朵洁白芬芳，是一种兼具观赏价值和实用价值的优良树种。作为合肥市的市树，广玉兰在合肥已有近百年的栽培历史，成为这座城市的绿色象征和自然名片。

本书不仅是一本介绍广玉兰的科普读物，更是一本唤起人们敬畏和珍爱大自然的宣传手册。书中追溯了广玉兰的演化历程，讲述了与它相关的人文故事，描绘了它在四季轮回中的生长变化，展现了它的生存智慧，以及它与人类生活的密切联系。以时间为线索，本书将广玉兰的历史与生长过程娓娓道来，让读者在了解这一植物的同时，从广玉兰的生命循环中汲取治愈心灵的力量。

广玉兰的故事是植物世界的缩影。植物生长、繁衍、进化，每一片叶、每一朵花都蕴藏着生命的智慧和适应环境的能力。它们虽静默无声，却是人类科技、艺术、文化等领域的灵感源泉，给予我们无尽的启迪。本书通过丰富的图片和实例，不仅展示了广玉兰的生命力，也拓展了与植物相关的知识，激发读者对植物世界的探索兴趣。感谢朱文婷、周宇婷、边江老师提供的摄影图片。

植物生生不息，人类对自然的探寻也永无止境。作为一本植物科普读物，本书在传播科学知识的同时融入人文情怀，强调了生态保护的重要性与紧迫性。编者希望，读者在阅读的过程中，不仅能扩展自己的知识视野、体会生命的智慧，更能提升自己的审美素养，增强对自然的责任感。这本书适合自然爱好者、环保教育者和植物研究者阅读使用，也可作为相关课程的教学参考。

愿这本书唤起读者对自然科学的兴趣。大自然是人类生存与发展的基石，保护生态系统是我们对地球的庄重承诺。希望本书帮助读者更深刻地理解人与自然的和谐共生之道。

让我们一同走近广玉兰，开启一段与自然对话的美好旅程。

编　者

2024 年 11 月

目录

引言
植物承载时间的印记

“动物掌控了空间，植物掌控了时间。”在纪录片《从前有座森林》中，法国植物学家弗朗西斯·阿雷这样说道。这句话从空间和时间这两个不同的维度出发，展现了植物和动物在自然界中各自的生存方式和角色。

当我们说“动物掌控了空间”时，可以想象一下动物是如何灵活地利用空间来生存的。它们会不停地移动，寻找适合自己的地方生活。为了生存，它们会采取各种行动，比如寻找食物、躲避天敌或者找到伙伴。豹子追逐羚羊，鸟儿四处寻找筑巢的地方，角马为了寻找食物和水源而进行长途迁徙，这些都是动物充分利用空间的生动例子。这些行为展现了动物们对利用空间资源的敏锐感知力，充分验证了“动物掌控了空间”这句话。

动物正进行大规模的迁徙

然而，植物的世界与此不同，它们似乎更专注于时间的流逝。当我们听到“植物掌控了时间”时，不难想到植物在时间尺度上的生存策略。

虽然植物也有一些非常有趣的“动作”，比如含羞草会在被触碰时收起叶子，植物总是向阳光生长，但它们不像动物那样能自由移动，所以植物充分利用时间，通过漫长的生长过程和繁殖策略，坐上了时间的列车，来确保它们的种群不断延续下去。许多植物在它们漫长的生命中，随着光照、水分和温度的变化，周期性地生长和休眠，以适应四季的变化。

树干横截面的年轮

看，树木的年轮就像它们的年龄簿，记录了它们每一年的成长和气候变化的故事；花朵的开放与凋谢则是生命延续的象征。春天许多种子开始发芽，秋天许多植物褪去绿装，季节的齿轮一直在转动。

理解“动物掌控了空间，植物掌控了时间”这句话的深意，可以帮助我们领悟到植物和动物在大自然中的角色和互动方式的差异。动物更“关注”当下的空间利用，通过灵活的移动来应对环境的变化；而植物则更多地“关注”时间，它们通过长期的生长和繁殖来确保生存和繁衍。这种对比不仅体现了它们各自的生存策略，也反映了它们在生态系统中的互补关系。

重复的生活有时会让人只想着往前赶，而忽略了时间的流逝。但当你停下来看看植物时，或许就能被无声地提醒。植物的生命历程如同四季更替——春天的萌芽、夏天的繁茂、秋天的丰收和冬天的安静，如此反复，岁岁年年。它们的变化就像一本时间的日历，记录着时间的流动。当我们注视这些季节的变化时，内心也许会感到平静与安宁，帮助我们更好地感受自然的节律，并学会与大自然和谐相处。

第一章 远古的秘密

——开花植物的诞生

“世界上最早的花”是什么？

花朵一直被人们视为美丽的象征。我们知道地球上有成千上万种花，但“地球上第一朵花”到底是什么样子仍然是个谜。在一些与植物学有关的文章或纪录片中，你可能会听到一个词——被子植物。那么什么是被子植物呢？

简单来说，那些能开花、结出果实的植物就是被子植物，也被称为开花植物。尽管植物早在地球上出现，但会开花的被子植物却是后来才出现的。那么，花儿究竟是何时盛开在大地上的呢？这一直是令科学界着迷的世界性难题。

在进化生物学的研究中，英国的著名博物学家查尔斯·达尔文曾经注意到，大约在1亿年前的白垩纪时期，开花植物已经存在并且迅速发展。但奇怪的是，他找不到这些植物的最早来源，也不知道为什么突然出现多种多样的植物。达尔文认为生物的进化应该是慢慢来的，所以被子植物突然的出现，让他非常困惑。他称这个现象为“讨厌之谜”。

英国博物学家、地质学家和生物学家查尔斯·达尔文

为了解开这个谜团，全球的科学家们都在寻找最古老的被子植物化石。21 世纪初，科学家们在中国辽宁省的西部发现了一些非常古老的植物化石，当时这些化石被认为是世界上最早的被子植物。这个发现让我们对植物的历史有了新的认识。

其中，辽宁古果和中华古果这两种古老的花朵，就是在辽西的地层中被发现的，距今已有 1.25 亿至 1.45 亿年。它们的发现意味着科学家们找到了一个新的植物类群——古果科。研究这些植物类群，帮助科学家们更好地理解被子植物的起源，也解开了达尔文的“讨厌之谜”：原来被子植物并不是突然出现的。这个研究结果还被发表在美国著名的《科学》杂志上，引起很多关注。

辽宁古果化石

中国古植物学家潘广早在20世纪70年代就在辽西地区发现了比辽宁古果还要古老的植物化石，但他的发现直到几十年后才得到认可。2015年左右，中国的科学家们对潘广先生捐赠的标本进行了研究，确认了标本的历史可以追溯到1.62亿年前的侏罗纪——那个地球上遍布恐龙的时代，比辽宁古果还要早。为了纪念潘广先生的贡献，这种花被命名为“潘氏真花”。它是一种典型的被子植物，具有完整现代花的结构。

不过，科学探索的脚步并未停止。2018年，科学家们在南京发现了另一种更古老的花朵化石，命名为“南京花”。这些化石已经有1.74亿年的历史，比潘氏真花还要早。南京花的花朵直径约为10毫米，有4～5片花瓣，科学家们在显微镜下还能清楚地看到它的花萼、花瓣和雌蕊。这个发现对理解植物的进化历史非常重要。

辽宁古果的发现证明了被子植物在地球上的早期存在，从潘氏真花到南京花，这些研究不断揭示了被子植物的演化历程，达尔文的“讨厌之谜”的面纱正在被缓缓揭开。

随着计算机技术的发展，欧洲的一些科学家通过计算机模拟，将花卉进化的模型和现存花朵的特征数据结合起来，“重现”了花朵的祖先可能的样子，并将它命名为始祖花。始祖花看起来像是白莲花和百合花的结合体，也非常像现存的木兰科植物的花朵。和木兰科植物一样，始祖花是“雌雄同体”的，也就是说雄蕊、雌蕊并存，花瓣层层叠叠地排列，每层有3片花瓣，就像齿轮一样。木兰科植物在以前的演化观念之中，常被视为植物中比较原始的类群，这是巧合，还是进化中循序渐进的体现呢？这值得我们继续探究。

参与这项研究的一位法国科学家表示：“现在的花朵和它们的祖先大相径庭，因为这个古老的始祖花存在了至少1.4 亿年，经过了很长时间才进化成我们今天看到的各种花朵。”虽然我们不可能亲眼见证亿万年前的花朵，但是科学家们的探索不会停止，化石的发现和新兴技术的使用等，能够让我们越来越清楚这颗绿色星球枝繁叶茂的过去。

植物为什么会进化出花朵?

植物的进化过程中，花朵的出现无疑是一个重要的里程碑。花的出现为地球增添了许多色彩。在今天的地球上，我们看到的植物种类的绝大多数是有花植物，它们的广泛分布与花朵的进化息息相关。你知道植物为什么会进化出花朵吗？

其中的原因主要与繁殖有关，几乎所有的生物将它作为生存的终极目标，而花朵的进化正是植物为提高繁殖成功率而采取的策略之一。

在自然界中，植物的繁殖方式主要有两种：有性生殖和无性

多样的花

生殖。无性生殖不需要生殖细胞结合，只需要母体，例如直接将植物的一部分放进土里，原来的组织上就可以发芽、新生。“无心插柳柳成荫”就描述了无性繁殖的过程，这种方式繁衍速度很快，但是对生存环境要求比较高。

有性生殖则需要生殖细胞结合，这就需要植物体两个不同的部分共同参与。对于大多数有花植物来说，这意味着雄蕊和雌蕊的结合，雄蕊产生花粉，雌蕊负责接收花粉，产生新的种子。有性生殖产生的种子通常被坚硬的外壳包裹，种子可以根据不断变化的环境调整，等待合适发芽的时间，从而更好地适应不断变化的环境。

其实在很久以前，地球上的植物没有我们今天看到的那些漂亮的花朵。早期的植物没有真正的花，而是通过球果来繁殖，虽然它们也有种子，但是种子是裸露在外面的，所以也被称为裸子植物，比如现存的松树和杉树。

各种裸子植物

夜晚绽放的昙花

后来，随着时间的推移，植物开始进化出花朵。

最早的花朵可能非常简单，只有一些基本的花瓣和生殖结构。随着环境的变化和传粉者的出现，花朵逐渐变得更加复杂。

为了成功繁殖，植物的花粉必须传递到同种植物的花朵上，否则就无法形成种子。花朵的多样性和复杂性在这一过程中起到了至关重要的作用。有些植物在不同的时间开花，以避免花粉混杂，减少浪费。例如，昙花选择在夜晚开花，以避开白天其他花朵的竞争。昙花的花朵很大，香味浓郁，但开放时间仅有 3~4 小时，因此被称为“昙花一现”。它通过特殊的香味和白色花瓣，吸引夜间活动的蝙蝠和蛾子进行授粉。

花朵的进化为植物提供了更多生存优势，使它们能够在全球范围内广泛传播。今天，我们看到的花朵形态各异，有的花瓣层层叠叠，有的花朵颜色丰富多样，这些都是植物在进化过程中为了适应环境、提高繁殖成功率而发展的结果。

在生物进化的历史长河中，我们人类只是一个“后来者”，花朵的进化不仅是生物适应的结果，也是自然界美学的体现。花朵的出现，以及它们的形状、颜色、香味等的多样性，不仅有助于自身的繁衍生息，还为人类带来了丰富的视觉与嗅觉享受，同时促使我们去思考自然界的复杂性和生命的多样性。

各种花朵

为什么木兰科植物能够生存至今?

广玉兰属于木兰科，木兰科植物是地球上非常古老的一类被子植物。地层中木兰科植物的古老化石、现存的木兰科植物的结构和基因都佐证了这一点，科学家也研究确认它们在被子植物的进化树中处于非常基础的位置，历史可以追溯到大约 1 亿年前的白垩纪末期。你还记得之前提到的始祖花吗？它的样子和木兰科植物的花很相似，这是不是让你对大自然的奥秘更感兴趣了呢？

木兰科植物化石

木兰科植物能够在各种生态环境中找到自己的生存空间。从热带雨林到温带森林、从低海拔到高山地带，甚至在寒冷的极地地区也能找到它们，分布很广泛，这显示了它们适应不同环境的能力。

木兰科植物保留了一些原始的特点，比如木质化的萼片、多数螺旋排列的结构以及无胚乳的种子等，这些特征在进化过程中没有显著变化。木兰科植物的花朵通常较大而且颜色鲜艳，能够吸引各种授粉者。这些授粉者帮助木兰科植物传递花粉，帮助它们繁殖。它们的果实通常很坚硬，能够很好地保护自己的种子。这些特点在一些古老的植物类群中也有类似的表现，比如柏科植物。木兰科植物的种子则被包裹在黏黏的种皮中，这种种皮可以吸引鸟类来食用。果实被小鸟吃掉后，硬硬的部分很难被消化，所以一段时间后会随着粪便排出，这样，种子就被带去别的地方，条件合适便可以继续繁殖。

广玉兰的结构具有原始的特点

人类对木兰科植物的保护也起到了重要作用。屈原《离骚》诗云："朝饮木兰之坠露兮，夕餐秋菊之落英。"因为木兰科植物的花朵非常美丽，许多人把它们种植在庭院里加以保护和欣赏。例如，在中国，各种玉兰花树因为它们高大的树形和明艳的花朵，被广泛用于美化庭院和园林。其中，白玉兰被认为是中国的名花之一，不仅美丽，还具有丰富的植物文化内涵，又因为高雅、冰清玉洁的意境而成为中国古典园林中的经典植物配置。

中国园林里的木兰科植物

除了观赏价值，木兰科植物在科学研究中也占有重要地位。无论是在植物学、进化生物学还是中医药学领域，木兰科植物都有着重要的作用。人类通过建立保护区、收集种质资源以及关注生态系统的健康，为木兰科植物的长期生存和未来的演化提供了保障。

作中药用途的木兰花花蕾

虽然木兰科植物多数适应能力较强，人类也有意识地对一些种类进行保护，但是仍有相当一部分木兰科植物由于生存策略上的落后和自然环境的改变，而处于危险的境地。

例如华盖木作为一种木兰科植物，它的种子不易发芽，这让它在自然环境中很难繁殖。目前，华盖木仅分布在中国云南的部分地区，被列为中国国家一级保护植物。

随着人类活动对自然环境的影响日益加深，有不少植物都面临着灭绝的风险。保护和研究木兰科植物的工作任重道远，人类作为地球上特殊的存在，理所应当地肩负起保护生物多样性的责任和义务，为地球生态系统和未来持续发展作贡献。

华盖木

第二章 近代的故事
——树与人文

广玉兰为何成为合肥市市树?

现在，我们在路边经常能看到广玉兰树，但在几百年前，我国辽阔的土地上并没有这种树，因为广玉兰并不是中国的本土植物，它的“故乡”远在美洲。

一位来自美国的名叫南茜·罗斯·胡格的作家，曾在自己的作品《怎样观察一棵树》中说道:“美国的北方人会为这种树疯狂。”广玉兰不仅在外国受欢迎，自清朝末年传入中国后，因为其稀有、漂亮也迅速受到人们的喜爱。

当时的交通条件并不发达，树木的运输很困难。然而，作为一个内陆城市，合肥却有很多高大的广玉兰树，不少树龄在百年以上，这是为什么呢?

这个故事要从淮军和李鸿章说起。淮军是晚清时期由李鸿章招募编练的一支汉人军队，因为士兵及将领主要来自安徽江淮一带，故称淮军，是当时清朝的主要国防力量。在 1884 年的中法战争中，淮军士兵表现得非常英勇，取得了胜利。慈禧太后听到这个好消息后非常高兴，决定奖励淮军将领们高官职位和金银珠宝，于是找来李鸿章商量。

李鸿章（晚清重臣，安徽合肥人）

李鸿章心想，淮军里当官的人已经很多了，再给他们高官厚禄，可能会引来麻烦。于是他向慈禧表示，淮军为国效力本是应尽的职责，况且国家刚刚打完仗，国库空虚，给十几万将士的赏赐是笔不小的开支，不如只对那些受伤和牺牲的将士进行抚恤，免去额外的奖励。

慈禧则回应道，她理解李鸿章为国家着想的心，但如果一点奖励都没有，难以对得起那些流血牺牲的将士。李鸿章觉得有道理，虽然推辞掉高官厚禄可以为淮军赢得好名声，但如果没有奖励，将士们的士气可能会受到影响，自己也没法向他们交待。于是他想到了之前美国特使送来的100多棵广玉兰树，许多淮军将领的家里有防水护田的堤岸，这些地方很适合种植树木，若是种上赏赐的这些广玉兰树，一定非常荣耀。

于是，李鸿章建议，把这些广玉兰树作为奖励送给淮军将领。金银珠宝会有花完的时候，而树木可以常青，看到这些广玉兰树，人们都会想到朝廷对他们的恩典，也不枉了大家报国的忠心。慈禧听了很高兴，于是就把广玉兰树赏赐给了淮军。

这些树被运到合肥后，立功的将领纷纷在自己院子里种了下去。江淮地区的气候很适合广玉兰的生长，它们渐渐长得高大雄伟，叶子也是浓绿光亮，人们看到都觉得十分美丽，敬佩淮军将领的同时，也连带着夸赞李鸿章的聪明和远见。

慈禧赐树之后，很多达官贵人都以得到广玉兰树为荣，纷纷想办法在自己家里种植。渐渐地，广玉兰树在中国各地开始广泛种植，尤其是在富商豪宅里，常常能看到它们的身影。

在淮军大将刘铭传的故居里，就有一棵据说是他亲手种植的广玉兰树。刘铭传在台湾奋勇作战，击退了强大的法国军队，在镇南关大获全胜，获得了广玉兰树作为赏赐。这棵广玉兰树高大挺拔，至今已有160多年的历史，树高近20米。它的枝叶繁茂，花朵硕大，虽然经历了百年风雨，但仍然挺拔如初。更特别的是，这棵广玉兰有两个树干并排生长，就像一对亲密的双胞胎兄弟，刘铭传又是台湾第一任巡抚，人们便为这株古树的长势赋予了深远美好的寓意：象征着海峡两岸的中华儿女“本是同根生”。2006年，刘铭传的故居被列为全国重点文物保护单位，这棵广玉兰树也成为两岸交流的象征之一。

随着时间的推移，广玉兰树成为了合肥市的重要象征。在合肥市第九届人大第八次会议上，它被正式宣布为合肥市的市树。如今，广玉兰遍布整个城市，树姿高大挺拔，叶子四季常青，成为合肥的一道美丽风景线。

刘铭传故居里的广玉兰

我国最古老的广玉兰树在哪里?

前文说过，广玉兰在中国的历史并不悠久。由于引进广玉兰的时间很晚，所以不同于白玉兰、银杏之类我国本土的树木“高龄者”众多，树龄比较大的广玉兰 100 岁出头。但在上海，有一棵已有 220 多年历史的广玉兰树，它可能是中国最古老的广玉兰树。这棵树低调而不失威严，静静地伫立在外滩 33 号的草地上，见证了上海的历史变迁。

上海的市花是白玉兰，和广玉兰同属于木兰科。虽然上海人钟爱白玉兰，但广玉兰作为绿化树木的标杆，独具优点。首先，广玉兰的花期长达两个月，而白玉兰的则只有短短两三周。其次，广玉兰的叶子又大又亮，远比其他常绿树木（如香樟和枇杷）的叶子更加美观。生长旺盛的广玉兰，树形高大，是衬托大型建筑的理想选择。而且在上海这个四季分明的城市里，广玉兰表现优异，既能耐高温，又耐严寒，是城市绿化中的“明星”。

这棵 220 多岁的广玉兰树见证了外滩的繁华与喧嚣。2022 年，相关单位为它举办了一场展览，通过展览中展出的珍贵历史照片，参观者可以一窥外滩一个多世纪以来的风云变幻。

据说，这棵广玉兰在来到外滩时，已经有 100 多年的树龄了，想必这也是它比国内其他广玉兰树还要古老的原因。想象一下，它经历了长途颠簸和风雨洗礼，从地球的一端千里迢迢来到了另一端，继续见证不同土地上的历史。虽然无法确切知道它是什么时候来到上海的，但可以确定的是，它是在晚清时期随着国门的打开进入中国的。这也是当时中国闭关锁国的停滞状态被打破，中国被裹挟在历史洪流中前行的象征。

如今，外滩 33 号的庭院里这棵广玉兰树依然枝繁叶茂，尽管部分树干因虫蛀被移除，但在老枝上仍有新芽生长，也能看到它地上的树根在向四周延展。当人们看到这棵树时，显而易见的是它的枝叶，但它的经历和从大地汲取养分的过程，大家并不清楚。参与展览的工作人员感叹道，人们也从这棵广玉兰身上领悟到：想要了解事物，就要追溯根脉，看待身边的事物要怀揣着敬畏之心。

植物不仅仅是自然界的一部分，它们也在许多层面上与人类历史和文化紧密相连，这也何尝不是人们围绕这棵广玉兰举行展览的初心呢？

斗转星移，这棵高龄广玉兰树见证了外滩从黄浦江边的泥滩，逐渐演变成为近代都市的中心。繁茂的枝叶下，有过旧时的故事，也有新生的希望。每当夜幕降临，外滩灯火辉煌，广玉兰依旧在月光下默默伫立。它不仅是一棵树，更是一段历史，是一种精神象征，见证着时代的风貌，承载着上海的过往与未来。

外滩 33 号的广玉兰树

为什么我们要保护古树名木？

上海外滩这棵高龄广玉兰树的繁盛，正如上海这座城市在不断变化中的坚韧与美丽，植物的成长故事也反映了社会和历史的变迁，提醒我们珍惜自然的馈赠。

古树被誉为地球生态的“活文物”，它们在一个地方生长了数百年甚至数千年。例如，在安徽省黄山市休宁县的祖源村，有一株红豆杉，需要三人才能合抱树干。经考察确认，它已有1200多年的历史，被村民誉为“祖源神树”。它在寒来暑往中迎日出、送晚霞，守日月、候星辰，一直在原地生长，至今仍高大挺拔、枝叶繁茂。它那美丽的外观和背后的历史故事吸引了络绎不绝的游客，带动了祖源古村的旅游业发展，成为当地一张古色古香的名片。

祖源古村的“祖源神树”

古树名木是美丽乡村画卷中的重要元素。许多地方通过将古树保护与乡村绿化相结合，建设特色乡村和主题公园，使古树与古道、古村落融为一体。这不仅保护了古树，也提升了乡村环境，推动了乡村旅游，朝着生态美、产业兴和百姓富的目标一步步前进。

特色古村落

不仅如此，古树庞大的根系和茂盛的枝叶还能调节周围的“微气候”，形成一个小型的生态系统。它们蕴含着丰富的生态信息，对科学研究有重要价值。科学家可以通过研究古树的年轮，了解过去的气候变化和环境演变。这些古树还携带着“长寿”的基因，为科学家培育更高大的优良林木品种提供了可能性。

因此，保护古树名木非常重要，它们不仅为我们提供了美丽的景观，还维系了生态平衡，提供了科学研究的宝贵资源。

同时，古树名木也连接着我们的文化记忆，让我们感受到传统的力量。一棵古树能够历经百年、千年，不仅依靠自身的顽强生命力，更离不开一代代人的精心呵护，它们的每一步成长和每一天的经历，都是前人心血的结晶，这又何尝不是人类天生对大自然具有敬畏之心、对历史具有守护之情的体现呢？

据说，即使在兵荒马乱的年代，人们也都会在自己村落中的古树上挂一块“某朝古木，不得侵犯”的木牌，以此告诫四方要尊爱古树。一株古树如同历史的书籍，记录了自然环境和人类活动的变化；一株名木就如同一段历史的忠实见证，是文化的生动记载。古树因前人的爱护得以延续至今，我们也应传承这种美德。

人们如何对待古树，间接反映了一座城市对于环境保护和历史文化的重视程度。珍惜这些自然遗产，通过对古树名木的保护和研究，传承前人的智慧和情感，我们不仅了解了过去，还能更扎实地规划未来。

中国十大名树之一——迎客松

第三章
四季的乐章

它们怎么都叫玉兰？

三月春风吹，玉兰花进入盛花期，有粉有白，煞是喜人。常见的木兰科植物有白玉兰、望春玉兰、二乔玉兰、紫玉兰、广玉兰……这么多玉兰品种，你知道该如何分辨它们吗？

广玉兰和其他的玉兰区别最大，最容易辨别。它属于常绿乔木，在初夏季节开花，叶片革质，表面像涂了一层蜡。花大，像荷花，所以又叫荷花玉兰，我们会在后文中仔细介绍它。

最容易和广玉兰混淆的就属白玉兰了。一说广玉兰，许多人都忽略了“广”这个字，只想着“玉兰”了，误以为白玉兰就是广玉兰。但是白玉兰只有花的颜色和广玉兰是相近的，它们之间的区别其实很大。

广玉兰是常绿乔木，而白玉兰和其他玉兰一样，都是落叶乔木；从花朵和叶子的生长情况来看，白玉兰先开花后长叶，初春花盛开的时候，树上便只有密密麻麻的花，非常壮观美丽。等花谢的时候，叶子才开始萌发。而广玉兰则是一直有绿叶相随，花朵开放时不像白玉兰那样热烈，花朵密度稀得多，但花叶相辉映，也独具美感。

密密麻麻的白玉兰花

白玉兰开花时无叶，花朵绽放之时花瓣比较收拢，像一只皓白的手拈起了兰花指，而广玉兰的花瓣则更为舒展，更别说树本身的形态了。白玉兰盛开之际有“莹洁清丽，恍疑冰雪”之赞，是中国著名的早春花木，如今也是许多城市的市花。白玉兰在我国的种植历史可以追溯到公元6世纪，中国佛教寺庙的花园中、民间传统的宅院中常有种植。人们讲究“玉棠春富贵”，这里面的玉即玉兰，棠即海棠，春即迎春，富为牡丹，贵乃桂花，意为吉祥如意、富有和权势。五种花各有各的寓意，但是都体现人们了对美好生活的追求。

白玉兰花

公园里还有常见的几类玉兰花。有一类比白玉兰稍微早一些时间开放，也是先花后叶，花朵略微小一点，不同的是它的色彩更鲜艳，花瓣基部常呈现粉红色或者紫红色，这就是望春玉兰。

望春玉兰是中国的特有植物，又称望春花，外轮 3 片花被片很小，花型优雅。早春含苞待放的时候，花骨朵像极了一只只“小鸟”，有的“小鸟”站立枝头眺望远方，有的“小鸟”低头打盹儿、窃窃私语，在早春时节显得格外生机盎然、灵动可爱。

望春玉兰花

除此之外，还有一类容易分辨的玉兰——紫玉兰。紫玉兰花的花瓣是明艳热烈的紫色，它和望春玉兰都常常被称为辛夷花，也是中国的特有植物，分布在云南、福建、湖北、四川等地。唐代裴迪有诗：“况有辛夷花，色与芙蓉乱。”紫玉兰与白玉兰同为中国有悠久历史的传统花卉和中药。但是移植和养护紫玉兰不易，紫玉兰已在《中国物种红色名录》中被评为易危物种，因此是非常珍贵的花木。

紫玉兰花

含笑花是玉兰花的“姐妹花”。它不同于前文提到的玉兰花，它的植株和花朵都小得多，花的颜色有的是紫色的，有的是乳白色的，乳白色的更为常见。

含笑花

含笑花香味十分独特，又称香蕉花，因为它的香气带着浓烈的香蕉的香气，又夹杂苹果的芳香和兰花独有的味道，相信任何一个闻过其香味的人都会将这个香味深深烙印在脑海里。含笑的名字也很好听，据说是因为采撷含笑花必须要在它含苞待放的时候采摘，否则花苞完全开放后，花瓣就极其容易脱落。而在花瓣不完全张开时，半开半含，如美人掩口而笑一般。

古人为什么将木兰科植物称为“木笔”？

《广群芳谱》云：“正二月花开，初出枝头，苞长而尖锐，俨如笔头。”在古代，木兰科植物的花苞常被人们称为“木笔”。因为木兰科植物的花蕾外表是毛茸茸的，花蕾端部圆润，底部略微膨大，未开放时，毛茸茸的外壳紧密包裹，顶端尖尖的，轮廓自然且流畅，看起来特别像毛笔。虽然这里描写的是玉兰而非广玉兰，但是花苞这倔强、可爱的模样，玉兰科的花们可谓是如出一辙。

玉兰花花苞

古代的文人墨客人人都有毛笔，用以绘画、书写，可见古人在观察自然时，常常会以熟悉的事物来命名那些形状相似的植物，这是一种直观且生动的命名方式。又如罗汉松，常作为盆景及庭院观赏树，之所以叫罗汉松，就是因为它的果实很像穿着红袈裟的光头罗汉。又例如鸡爪槭，也是因为其叶片呈掌状分裂，仿佛鸡爪一般，因此而得名。人类用语言表达概念，给花草树木取名既是雅兴，也是人与自然的有趣互动。

罗汉果

古诗句里描写玉兰花如木笔的篇章不在少数："碧管描春色，丹锋点化工。""束如笔颖放如莲，画笔临时两斗妍。料得将开园内日，霞笺雨墨写青天。"诗人们都将玉兰花比喻成笔，这一枝枝天然的"木笔"则绘出了满园春色。

作家和诗人的文字给人以无尽的美感与想象空间，但是文字描述的意味毕竟有限，我们可以亲自去观察植物的独特细节，体会其灵动韵味，既读万卷书，也行万里路。

如何观察一朵花？

你有没有仔细观察过一朵花呢？了解一朵花的结构可以让我们更好地理解植物的生长和繁殖，接下来让我们一起探索一朵花的组成部分和它们的功能。

一朵完整的花通常由花梗、花托、花萼、花冠、雄蕊和雌蕊等部分组成。

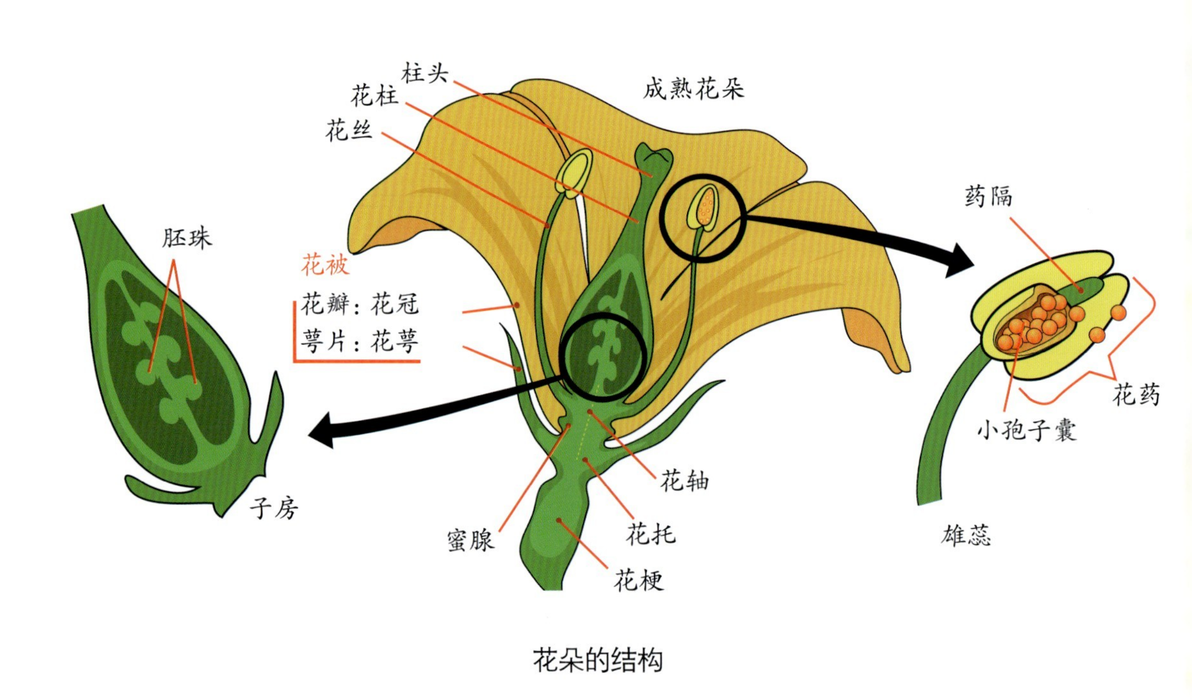

花朵的结构

花梗是连接花朵和茎的部分，它像一根小杆子，将花朵举到空中。当花朵凋谢后，花梗就会变成果实的果柄，比如樱桃和橘子的果柄，原本就是花梗。虽然大多数花朵有花梗，但也有些直接长在茎上，甚至长在叶子上，比如青荚叶的花就是长在叶子上的，所以又名叶上花。花谢之后便结出青色的果实，果实成熟后变得又黑又亮，就像一颗颗黑珍珠镶嵌在叶片上。

青荚叶的果实

草莓是花托变来的

花托位于花梗的顶端，是一个略微膨大的部分，连接着花冠、雄蕊和雌蕊。花托在花朵凋谢后，通常会成为果实的一部分。你可能不知道，我们吃的草莓果肉，其实原本是草莓花的花托，而草莓上面的小“芝麻”才是草莓名义上真正的果实。

花萼是花冠外面的保护层，由一片片萼片组成。大多数花萼是绿色的，像一件小外套，在花朵还是花蕾时保护它们。有些植物的花萼非常特别，甚至会变成帮助种子传播的工具。例如蒲公英的花萼特化成丝状的冠毛，可以随着风飞舞，将种子带到远方。花萼有时也起到吸引授粉者的作用，例如美丽的铁线莲那些颜色花纹独特的“花瓣”，其实是由它的花萼特化而来的，植物学家把这种花瓣状的花萼称为“萼瓣”。

铁线莲像花瓣的花萼

花冠是花朵中最显眼的部分，由一片片花瓣组成，是一朵花中所有花瓣的总称。花冠是用来吸引昆虫和鸟类的重要部分。它们通常五颜六色，因为鲜艳的颜色更容易引起注意。不同植物的花瓣的形状和颜色各异，许多植物的花瓣还能分泌花蜜或释放香味，这也是吸引动物来帮助它们传粉的一种方式。

五颜六色的月季花

雄蕊和雌蕊是花朵内部的“小零件”，雄蕊负责产生花粉，雌蕊负责接收花粉产生种子。雄蕊由花丝和顶端的花药组成，花药里装着花粉。雌蕊位于花朵中央，由柱头、花柱和子房组成。当花粉落到柱头上时，它会发出一条花粉管，花粉便可以穿过花柱，直到到达子房里的胚珠，最终完成受精，结出种子。有的花一朵里只有一枚雌蕊和几枚雄蕊；有的花一朵里则有许许多多的雄蕊和雌蕊，广玉兰就是如此：众多雌蕊在紫色花柱顶部聚合成椭圆体，众多的雄蕊簇拥在花柱下方，排列紧密，热热闹闹的。

每一朵花都是生命的奇迹，它们不仅以美丽的姿态装点着世界，还肩负着延续植物种群的重任。

接下来，我们要走进本书的主角——广玉兰的世界。“有荷在天，皓白如雪。”这些隐藏在高枝上的圣洁花朵在初夏登上舞台，在秋天结出艺术品般的果实……现在就让我们一起见证广玉兰的成长故事，聆听它在四季轮回中的生命乐章。

广玉兰花绽放的过程是什么样的？

最初，广玉兰的花芽独自生长于枝条顶端，外层覆盖着毛茸茸的苞片，浅绿色带着棕色茸毛的花蕾似乎在静静等待绽放的那一刻。

花朵要盛放就需要冲破略显坚硬的苞片，花蕾未开之时，外苞片开裂，随后逐渐干缩脱落。这还没有结束，外层苞片脱落后，还有一层内层苞片。在正式开花的 2 ～ 3 天前，带有棕色绒毛的苞片被顶起，所有苞片完全脱落，露出还是青色的花被片。

广玉兰花花蕾

广玉兰花青蕾

尽管此时的广玉兰花还是含苞待放的模样，但是已经膨大了许多。刚盛开的广玉兰花瓣泛着淡淡嫩绿色，有着晶莹剔透的“氧气感”。

花朵开放前期，花被片开始松动，颜色由青转白，此时的广玉兰花是鼓鼓囊囊的胖圆模样，仿佛熟睡婴儿的脸蛋，静候次日醒来的展颜一笑。

初次开放的广玉兰花

初开的广玉兰花朵素白无瑕，肉质的花瓣造就饱满的花型，古朴而典雅，若非遥不可及地缀在枝头，真叫人忍不住摸摸看手感。

木兰科木兰属的植物的花瓣、花萼是不分化的，统称为花被，荷花玉兰正是如此。盛放的荷花玉兰，外轮 6 片花瓣张开，而内轮的 3 片花瓣会比外面的花瓣小一些，与荷花相似，更大的花瓣包着小的花瓣，憨态可掬。

小花瓣悉心呵护着花的核心部位——花蕊柱。有时 3 片小花瓣会合拢，将花蕊柱轻轻遮挡起来。在开花过程中遇到雨天时，花被片内轮的顶部近闭合，3 片小花瓣的顶端彼此接近，稍向内靠合，像一个白玉的罩子，对雌蕊群起遮挡保护作用，防止雨水过度冲刷柱头以减少花粉流失，保障受精。有时一瓣张开，另外两瓣仍轻轻拥抱着，腾出一点空间，方便蜜蜂等传粉者来传粉。

广玉兰花内轮花瓣闭合的状态

广玉兰花是如何避免自花授粉的?

广玉兰花的花蕊柱极美，它是两性花，保留了植物进化中原始的厚重感。

仔细观察花蕊，我们可以发现，它的花药是向内的，雄蕊呈螺旋状排列在凸起的花托上，雄蕊群紧贴雌蕊群基部，雌蕊基部被层叠的雄蕊簇拥着，呈柱状。花蕊柱分为两部分：上半部分由淡绿色、卷曲的柱头组成，具有黏性，便于捕捉花粉；下半部分则由乳白色、扁平的花丝组成，层层叠叠，仿佛覆瓦般排列，颇具艺术感。

广玉兰花蕊柱（开花后第一天早上）

广玉兰花蕊柱（开花后第一天晚上）

这种精致的结构，令人无论看多少遍都不觉平庸，反而愈发觉得精巧、美丽。

为了避免自花授粉，广玉兰演化出了一种巧妙的策略——雌雄蕊异熟。雌蕊先成熟，接收其他花朵的花粉，然后雌蕊凋谢；随后雄蕊成熟，脱落散粉，再通过传粉者将花粉传递给其他花朵。

相关研究人员还发现，广玉兰单朵花的开花过程具有二次开合现象。先经历初次开放阶段：第一天日间花朵初次绽放。太阳快要落下之时，花被片开始闭合，伸手拨弄便能然感受其合拢的力度，天完全黑后花被片内轮近完全闭合，中轮顶部靠拢。此时，雌蕊柱头由白转黄，表面分泌了大量黏液；雄蕊群贴雌蕊群基部，花药依旧没有开裂。

随后就是二次开放阶段：第二天清晨花朵再次绽放，雌蕊柱头继续向外向下卷曲，表面凸起萎缩，由黄色逐渐转变为浅褐色、再到深褐色，原本的黏液也不复存在了。此时，蛰伏已久的雄蕊开始有所变化：花药由外轮向内轮依次开裂散粉，雄蕊群逐渐外展并开始掉落，因此不同的花可以依靠风或者昆虫等进行授粉。

植物之所以避免自花授粉，科学家们认为是因为自交衰退会导致植物产生生命力较差的子代，植物的智慧会尽力让它们避免这种情况的发生。但是其实也有不少植物以自花授粉作为主要的繁殖策略，科学家们推测，这是因为虽然自花授粉后代生活力不好，但是当植物缺乏传粉机会的时候，自花授粉可以保证种子的产量，产生更多的后代。由此可见，“植物有能力解决问题，并从经验中学习”。雌雄蕊异熟彰显了植物的智慧，也发人深省。

广玉兰花蕊柱和脱落的雄蕊（开花后第二天）

为何广玉兰的花朵数量那么少?

可能你会感到疑惑，为何广玉兰的花朵数量那么少？比起它其他木兰科的亲戚，似乎从未见过它开过满树的花，都是零零星星的四五朵开在枝干上。

我们知道，一株植物常常会开放许多花朵，是为了增加它们成功结果的机会。每朵花都是植物能成功进行繁殖的一次潜在机会。植物们通过大量的花朵吸引蜜蜂、蝴蝶等传粉者或者风来帮助它们传播花粉，这种策略就像是植物的“投资”，为了确保至少有一部分花朵能成功结出种子，它们开放越多的花朵，成功的机会就越大。但是看向广玉兰树枝头零星的花朵，它却不是如此，这是为什么呢？

广玉兰树枝头零星的花朵

虽然我们说广玉兰树的花期长，但是单朵花的花期却十分短暂。也就是说，广玉兰的花量其实不少，但是不会急吼吼地同时开放，而是有先有后，这朵开完，下一朵开。虽然看着没有花团锦簇的热闹感，但是持续时间长，每年的 5 月一直到 7 月都能在枝头上看到洁白的花，这何尝不是一种精妙的策略呢？

花开花落，难免给人一种伤感之意。开花第三天起，花朵就开始逐渐凋零，花被片逐渐褐化，软塌塌地散开，不再挺立有型。

花蕊柱也镀上了深色，雌蕊干缩，顶端略卷曲，表面由褐色变为近黑色，雄蕊近一大半掉落，余下一些残留着花粉的雄蕊。白净的花瓣染上了陈旧的锈色，这锈色也渐渐地传遍了整个花朵。最后，失去生机的花瓣凭着仅剩的气力，东倒西歪地托着凋落的花丝。

凋谢的广玉兰花瓣

凋谢的广玉兰花蕊柱
（开花后第三天）

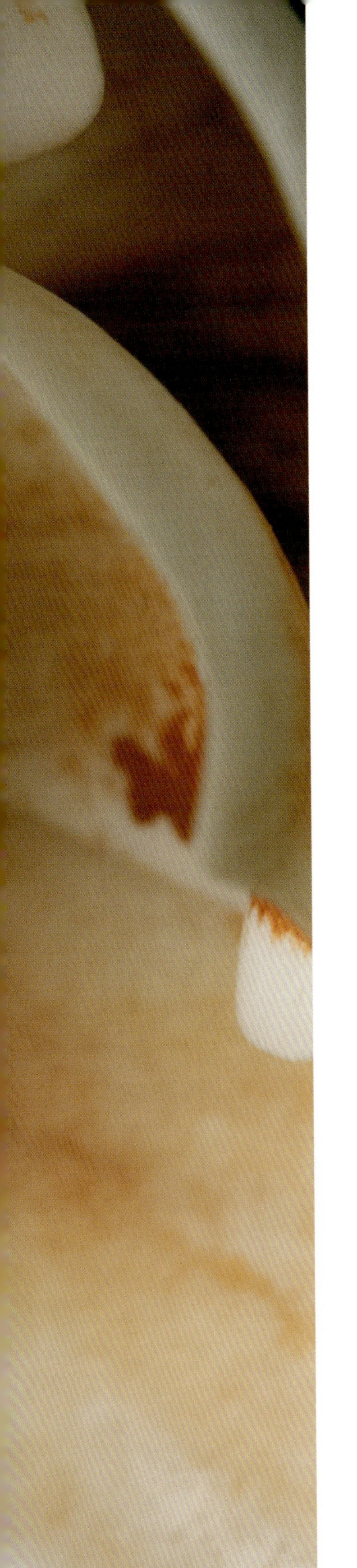

唐代诗人鲍君徽有诗词描述："昨日看花花灼灼，今朝看花花欲落。"落花虽然总有伤感的意味，但是它们的凋零也象征着生命的循环与新生。一棵广玉兰树几朵花，一直开，开了5～7三个月。每一朵新花的盛开，每一瓣旧的花瓣的飘落，都是在为下一季的枝繁叶茂、繁衍后代积蓄力量。

收集花开的不同形态，将它原本的秩序于头脑中放映，在脑海中拨快它的速度，便像是观看了一朵花从含苞、初绽、盛放至凋谢的延时摄影作品。广玉兰好似并不争先恐后地求着虫鸟来授粉，而是按着自己的节奏，淡淡地开了又静静地谢了，没有招摇的外表，有的只是不卑不亢的骨气。

白天开放，晚上闭合，广玉兰花的日与夜就是这样，如此连续两三天，花即败落。这是大自然的规律，是生命奇妙的法则，生命在不断的变化中延续，过往的美丽与生机化作当下土壤的养分，滋养着未来的希望。

凋谢的广玉兰花

花是如何帮助植物生存和繁殖的？

花在植物的生存和繁殖中非常重要。它们是植物用来繁殖的“部件”，包括雄蕊和雌蕊。雄蕊负责产生花粉，而雌蕊的柱头则用来接收花粉，这个过程就称为授粉。通过授粉，有花植物能够完成受精，从而产生种子和新的植物个体。这不仅帮助植物繁殖，还通过基因混合，增加植物的遗传多样性，使它们更适应环境的变化。

为了完成授粉，花通常会利用颜色、香味和花蜜来吸引授粉者。比如，蜜蜂被花的颜色和香味吸引，它们在采集花蜜时，将花粉从一朵花转移到另一朵花上，完成授粉。像向日葵和紫薇等许多花依靠蜜蜂的帮助来繁殖。而一些花朵，如风信子和蒲公英，则依赖风来传播花粉。广玉兰花也和别的花一样，有各种昆虫在花瓣、花心上留下秘密的足迹。

广玉兰花与传粉的小昆虫

蜂兰模拟雌蜂以吸引交配期的雄蜂

此外，有些植物的花朵专门吸引鸟类来帮助授粉。例如，红色的花朵（如朱顶红）常常吸引蜂鸟，它们在寻找花蜜的过程中，会将花粉从一朵花转移到另一朵花上。还有一些植物，如兰花，模仿昆虫的外形和气味，吸引特定的昆虫进行授粉，它们以其独特的花朵结构和多样的颜色吸引昆虫，特别是蜜蜂和鳞翅目昆虫，进行有效的传粉，展示了自然界中植物神奇的适应能力。

广玉兰也是虫媒花植物，主要靠昆虫来传粉，尤其是蜜蜂和一些其他昆虫。它的花朵通常在清晨开放，散发出浓郁的香气以吸引昆虫，这样可以在昆虫活动最频繁的时候进行传粉；花朵的结构设计也有助于传粉，数目众多的雄蕊使得昆虫在采蜜时不可避免地触碰到花药，花药中的花粉容易附着在昆虫的身体上，随着昆虫更换花朵采蜜、进食传到另一朵花的雌蕊，从而完成授粉。

通过这些授粉机制，植物能够产生种子，形成新的个体，从而延续种群。这样的繁殖方式不仅保证了植物种群的持续，还使植物能够在不断变化的环境中找到更好的生存机会。

大自然中各种各样的花

花，在植物生命周期中发挥着至关重要的作用，这些美丽结构的存在提高了植物的繁衍和适应能力，使植物种群的延续得到保障。植物是地球生态系统的基石，我们的地球也因为多姿多彩的植物，而变得更加绚烂多彩。

广玉兰的花语是什么?

花语是指人们用花来表达语言，表达人的某种感情或愿望，在 19 世纪初开始变得流行。在生活中，人们喜欢用一些事物表达内心的情感或愿望，也将一些情感寄托到了花上。不同的花都有独属于自己的花语，这些花语慢慢约定成俗，变成了大家都能理解的“花的语言”。

广玉兰的花盛开在不被人注意的高枝上，洁白的花朵自开自落，低调、高贵、纯洁，人们在仔细观察时或者嗅到空气中丝丝浓郁的香气时，抬头，才能发现它的盛放。纯洁的白色和高雅脱俗的气质，给人带来的意境，使广玉兰花承载着美丽、高洁、芬芳和纯洁的意义，成为高洁的代表。

路人观赏广玉兰树

广玉兰树形挺拔雄伟，花期长，单朵花期短，所以在同一棵树上能看到花朵的各种状态：有含苞未放的，有初开还羞的，有盛开怒放的，也有花瓣凋谢的……就像是一个数代同堂的大家庭，生生不息。所以广玉兰花还有“生生不息、世代相传”的意味，象征着家族兴旺，子孙满堂。花店在夏天会有广玉兰鲜切花出售，可以赠送给长辈、亲朋好友。广玉兰花不仅象征着生命力的顽强和对未来的希望，还蕴含着人们对美好生活的向往和对家庭、亲情的珍视。

有人爱莲，有人爱梅，而广玉兰花既有莲的高洁，也有梅的傲骨。它在枝头绽放，对着天空尽情展现曼妙身姿，不卑不亢，孤芳自赏。除了广玉兰花，你还知道哪些花的花语？

红玫瑰的花语是“我爱你”，这个花语的出现与红玫瑰的颜色和香气有关，鲜红的颜色让人联想到热情，香味又十分馥郁，可以营造浪漫的氛围，象征着热烈的爱情。百合花也是人们生活中常见的花，在中国文化中，百合的名字与“百年好合”谐音，因此常常被用作婚礼上的装饰，寓意着新人的婚姻美满长久。

到了深秋，百花凋零，而菊花盛开，这种不畏严寒的特性让人们把它与坚强、高尚联系在一起。因此，菊花的花语是“高洁”和“长寿”；牡丹被誉为“花中之王”，花朵大而美丽，颜色鲜艳多彩，它的花语是“富贵”和“荣华”。古代人们就喜欢在庭院里种植牡丹，因其象征着繁荣和幸福。

花语是一种用花卉表达情感和思想的方式，它源于人们对花的观察和想象。当我们了解了这些花语，就能更好地用花来传递我们的心意。当我们看到一束美丽的花，想起它背后的美好寓意，何尝不是给生活多添一份浪漫和温馨呢？

广玉兰的种子是如何传播的？

各种各样的种子装点了我们的生活。你知道食用油、调味品、咖啡等许多生活中随处可见的物品都是来自植物的果实或种子吗？种子是种子植物的胚珠经传粉受精后长成的结构，是花凋谢后植物的“结晶”。

广玉兰的花朵在春夏盛开，吸引了昆虫来帮助它完成授粉，昆虫在不同的花之间穿梭时，无意中会把雄蕊的花粉带到雌蕊上，完成受精。受精后，花朵慢慢凋谢，胚珠发育成种子，而子房逐渐发育成果实。

广玉兰的花以雌蕊群为特征，开花后毛茸茸的聚合果，带波点的雄蕊柱，木质的花瓣痕，再加上线条分明的底座，巧妙地组合在一起，显得精雕细琢，仿佛应当是某个博物馆陈列柜中的展品。

广玉兰膨大了一点的果

待果实成熟后，坚硬的木质外壳裂开，露出鲜红色种皮包裹的种子，红色的种子镶嵌在宝塔一般的聚合果里。如果花朵授粉不均匀，部分雌蕊没有成功受精的话，就会导致“宝塔”出现歪七扭八的情况，是因为有的部分发育出了种子，有的地方没有。

广玉兰的种子黏黏的，富含脂肪和糖类，有鲜艳的红色外衣，这种颜色在自然界中非常显眼。它们的种子上有一个叫作珠柄的结构，附带一根细丝，有些种子快要脱落下来时，就依靠这根细丝与果实相连，悬挂于“宝塔外”。

广玉兰果实成熟后鲜红色的种子

野生广玉兰种子的传播方式主要依靠动物的帮助。鸟类等动物可能会食用广玉兰的果实，种子便随着动物们传播到更远的地方。这种通过动物粪便传播的方式非常有效，因为种子在动物体内的短暂停留会让它们穿过消化系统，使外层的果皮被去除，而种子内部则完好无损。当鸟类等动物在其他地方排泄时，种子就会落在新的环境中，开始生根发芽。也有很多植物依靠风力或水力来传播种子，但广玉兰的种子较大、较重，这使得风力和水力在它的传播过程中作用有限。此外，广玉兰作为一种受欢迎的景观树木，常常被栽种在公园、街道两旁和校园中，广玉兰的果实和种子也可能通过车辆、行人的鞋底、衣物等无意中被带到其他地方，这成为一种间接的人类传播方式。

鸟啄食种子

但是路边这么多广玉兰树，并不都是从种子开始生长的。种子发芽比较容易，但是发出来的嫩芽很脆弱，存活的条件很严苛，从幼芽发育成可以栽种的树苗，需要的时间也很漫长。所以，人工栽培时，为了保持原本的性状和繁殖效率，一般采用嫁接法等方式来繁殖广玉兰。

嫁接是一种植物繁殖的方式。它是把一株植物的芽或者枝条嫁接到另一株植物上，让两者长成一体。接上去的芽或枝条叫作“接穗”，而被嫁接的植物叫作“砧木”。嫁接成功的关键在于让接穗和砧木的形成层（也就是植物生长的部分）紧密贴合在一起，这样它们才能共同生长。这充分利用了植物受伤后具有愈伤的机能的特性。

嫁接

人们常常以同为木兰科的白玉兰、山玉兰为砧木，采取广玉兰带有饱满腋芽的健壮枝条作为接穗，进行嫁接，这样繁殖出来的广玉兰树苗生长更快、效果更好。

植物传播种子还有哪些“计谋”？

植物有许多独特的“计谋”来传播种子，广玉兰常搭着动物的“顺风车”来帮它们带走种子，苹果和樱桃等果树利用它们美味的果实吸引鸟类或哺乳动物。种子可以完好地随着动物们的粪便排出，并在新的地方生根发芽。有些植物的种子非常“黏人”，它们长有小刺或钩子，让动物难以下口，例如苍耳，但是它们可以附着在动物的毛发上或人的衣物上，随着“载体”移动，当种子脱落时，或许就能在新的土地上开启新的生命。

可以附着在动物身上的苍耳种子

广玉兰也会通过自身重力传播种子，这是一种简单的方式，如果种子自身有一定的重量，就可以掉落到自身附近。橡树、板栗树、核桃树等许多我们知道的坚果树的种子都是如此，在成熟后会直接从树上掉落，落在树下的土壤里。如果没有动物将它们带走，种子便会在树的周围开始发芽，形成新的树。

依靠自身重力落到地上的橡子

除了动物，风和水也是非常常见且有效的种子传播的方式。风力传播适用于那些轻巧的种子。你一定见过蒲公英，我们对着它的果实吹一口气，它的种子就会像带着小伞的旅客一样飘向四方，为新生命寻找落脚之地。类似的还有枫杨，它的种子长着小小的、像直升飞机螺旋桨一样的翅膀。当种子从树上落下时，这些翅膀帮助种子缓缓旋转着降落，并随风飘向远方。借助风力传播的种子通常很轻，并且非常精巧，让它们能在广阔的范围内扩散。

蒲公英

生活在水边的植物常常会利用水力传播种子。椰子树就是一个典型的例子。椰子有厚实的外壳和丰富的纤维，能够在海水中漂浮，随着洋流漂流到遥远的岛屿或海岸线。当椰子幸运地“上岸”之后，若碰见合适的环境，它便可以生根发芽，长成新的椰子树。这样的“设计”让椰子能够在海洋广阔的版图上拓展自己的家园。

可以长途漂流的椰子

当然，有些植物并不依赖外部力量，它们依靠自己来确保种子的扩散。例如凤仙花和豌豆，它们的果实成熟时会突然爆裂，将种子“弹射”出去。这种方式让植物的种子能够散播到它们周围的土地上，迅速占领附近的生存空间。

会“喷射”种子的凤仙花

甚至有些植物还依赖火力来帮助它们传播种子。例如，某些松树的松果只有在火灾过后才会裂开，释放出种子。火不仅能清除地面上的竞争者，还能给这些种子提供一个更加开放的环境，让它们在灾后重新生长。这种火依赖的传播方式虽然听起来有些激烈和残忍，但却是某些植物适应环境、确保生存的关键手段。

植物传播种子的方式展示了大自然的智慧，通过动物、重力、风、水和火等方式，植物拓展了自身的生存空间，适应了不同的环境。植物不仅能在原有栖息地上生长，还能适应新环境，它们通过这些策略展现了顽强的生命力，也展现了适应变化、延续生存的智慧。

广玉兰的叶片是什么形状的?

广玉兰在冬天叶片依旧茂密浓绿，在寂寥的冬天格外突出。它的叶子很大，呈现椭圆形。植物叶子的形状丰富多样，除了椭圆形，还有圆形、心形、针形、掌状、卵形、裂状等形状。这些形状并非随意形成，而是为了适应不同的环境和生长条件。

例如针叶树，其树叶细长如针，多为常绿树种。叶子这样的形状有利于减少水分的蒸发，因此针叶树多生长在寒冷干燥的地区，如松树和柏树等。针形叶子的小表面积使其在冬季可以保留水分，并且减少了雪的堆积，防止枝条因雪压而折断。

松树的叶　　香蕉树的叶

相反，生长在热带雨林中的植物叶子通常宽大而平展，像榕树和香蕉树。这类叶片能帮助植物最大限度地接收阳光，进行光合作用。此外，宽大的叶片也有助于雨水的蒸发，避免叶片长期浸水腐烂。因此，不同的叶片形状与植物生存环境息息相关，反映了植物为适应不同气候、地形、光照条件所做出的进化调整。

仔细观察广玉兰的叶片，摸一摸，你会发现叶子两面的触感和质地截然不同，正面是光滑的暗绿色，背面则生满锈色绒毛。光滑的表面可以帮助雨水迅速流走，防止水分长时间停留在叶片表面，导致叶片腐烂。广玉兰叶子手感坚硬厚实，妥当保存就不易腐烂，可以做成书签等装饰品。

广玉兰的叶

植物的叶子为何形态多变?

有的植物的叶片既不光滑也不柔软，如沙漠里仙人掌的茎叶，坚硬且粗糙，仙人掌的叶片已经进化成针刺状，这样可以减少水分流失，并能防止被草食动物啃食。你家里有种植“多肉”吗？多肉植物的叶片肥厚多汁，并且具备储藏大量水分的能力，这些储存在叶片中的水分能够帮助植物度过缺水期。如芦荟、生石花，都是靠叶片储存水分，而我们刚刚提到的仙人掌，主要是靠茎部来贮存水分，它的刺才是它真正的叶。

沙漠中的仙人掌

多肉植物

有些植物的叶子带有浓烈的香味，如薄荷、薰衣草和迷迭香。为什么有些植物的叶子会散发出香气呢？这些香味大多来源于叶片中的精油或其他化学物质。香味对植物的生存有重要意义，它可以驱虫、防止动物啃食，同时还能够吸引某些授粉者。

薄荷

植物的叶子在不断地进化，在形态和功能上的多样性，主要是植物为了适应环境而进行的自然选择的结果。例如，在多风的环境中，叶子较大的植物容易被风吹断，因此那里的植物逐渐进化出小而坚韧的叶子。在光照充足的环境中的植物，往往有较大而薄的叶子，以便最大限度地吸收光线进行光合作用。

尽管许多叶子看起来相似，但世界上没有两片完全相同的叶子。每一片叶子在植物生长的过程中，都受到了环境、遗传和外界因素的共同影响。它们的纹理、形状、大小和颜色都与其他叶子有所不同。这种独特性正是自然界多样性和适应性的体现。

各种各样的叶子

这也给了我们一个启示——世界上没有两片一样的树叶，人也是一样，每个人都是最特别、最独一无二的存在。就像树叶为了适应环境而发展出不同的形状和特性，我们每个人也在生活中寻找属于自己的道路，发展自己的个性。植物们虽然形态各异，但是都在向上生长，我们也要向阳生长，成为最好的自己。

广玉兰为何一年四季都是绿色的?

广玉兰的树叶碧绿油亮、终年苍翠，装点着公园和道路。无论是在路边还是在森林中，我们似乎已经习惯了它们都是一片绿意盎然的模样。大自然的颜色丰富，但地球上的植物大部分呈现绿色，这是为什么呢？

它是因为绝大多数植物体内含有一种叫作叶绿素的物质。叶绿素主要分布在一个重要的植物细胞器——叶绿体里面，叶绿素的作用可大了，它主导着植物进行光合作用，光合作用是植物赖以生存的重要过程。我们都知道，人类呼吸离不开氧气，光合作用就可以产生氧气，植物通过这个过程吸收二氧化碳，并释放氧气，同时产生它们所需的营养物质。

植物呈现绿色是因为含有叶绿素，那叶绿素呈现绿色又是为什么呢？

这就和光有关，颜色实际上是我们用眼睛看到的不同光的“样子”，我们的眼睛和大脑一起工作，帮助我们识别和描述不同的颜色。太阳光则是由多种颜色的光线混合而成的，叶绿素能吸收大部分的光，而绿色的光线不能够被吸收，被反射了出来，这就是我们人眼看见植物呈现绿色的原因。

那么，为什么有些植物一年四季都保持着绿色呢？这类植物被称为常绿树，也叫常青树，指的是那些一年四季都不落叶的植物。与其相对的叫作落叶植物，在一年中的某段时间是没有叶子的。常绿树常年保持绿色的主要原因是因为其叶子寿命较长，而且无论春夏秋冬，各个时候都不断有新叶长出，所以茎上一年四季都保持有绿叶。它们有着特殊的机制来应对寒冷、干燥等不利的环境条件。

首先，常绿树的叶子通常比落叶树的叶子更加结实，其表面有一层叫作角质层的厚厚保护层，像是穿了一件“外套”，广玉兰的叶片就是如此，暗绿色的一面是革质的，在干燥或者寒冷的季节就能够保住水分，维系叶片的活力。

其次，许多常绿树叶片的叶绿素含量较高，你看广玉兰的叶片便是浓浓的绿色，高含量的叶绿素使它们在极端条件下仍能继续进行光合作用。特别是在冬天，白昼短夜晚长，太阳光弱，那些叶绿素含量少的植物此时光合作用的效率就非常低了，连保持叶片活力的能量都没有，而叶绿素含量高的叶子则可以尽可能多吸收一些太阳能，从而能维系正常的生存。

广玉兰叶片

有的常绿树叶片宽大，如广玉兰；有的常绿树叶片进化成针一样细，这种特化的形态有效地减少了水分的蒸发面积。比如华山松、雪松和圆柏这类植物，“大雪压青松，青松挺且直”。大雪压不垮的常青树，成为了冬季一道亮丽的风景线。

虽然大多数树木能够保持绿色，但世界上还有一些天生“不绿”的植物。这些植物体内的叶绿素含量较少，甚至完全没有叶绿素，它们会展现出其他颜色。你见过紫竹梅吗，它是常见的盆栽之一，全株几乎都是紫色的，开的花是粉白色，观赏性很高。它们的叶子中含有较多的花青素，这种色素吸收了阳光中的绿光，反射出红色或紫色的光，所以叶子看起来就是紫色的。

紫竹梅

如果紫竹梅经常晒不到太阳的话，它紫色的叶子就会渐渐褪色，变回普通的绿色，说明叶片中叶绿素的比例变高了。这是为什么呢？原来是因为叶绿素的光合作用效率更高，植物为了维系自身生命会主动生成更多的叶绿素。由此可见，植物在外界条件“弱”的时候，会主动使自己更“强”，是不是非常神奇呢？

可以发现，植物的颜色和植物的生存息息相关。无论是常绿植物还是落叶植物，都是自然界的重要组成部分。常绿植物四季常青，例如广玉兰，但落叶植物中有许多树的叶子会集体“变脸”，有的变成黄色，有的变成红色，你知道这是为什么吗？

有些植物的叶子为什么会变色？

秋天来了，“看万山红遍，层林尽染”。山上如果生长了许多落叶植物的话，远远看去，便是漫山红遍的景象，十分壮观。那么，秋天叶子为什么会变红呢？

原来，植物的叶片中除了叶绿素外，还有许多其他的色素，如叶黄素、胡萝卜素、花青素等，其中叶黄素、胡萝卜素是黄色的。不难想到，树叶由绿变黄，就是因为原本的叶绿素减少了，被覆盖住的黄色色素显露出来了。那么树木为什么会变色呢？

我们前面说过，落叶树每年都会落叶，绝大多数是在秋冬时节，这是因为冬天光照很少，植物们要节省“体力”。但是如果落下的是绿叶，其实是非常浪费的行为，因为来年还需要消耗大量的养分去生长出新的绿叶。那么植物们是怎么避免浪费的呢？

植物很聪明，它们会在叶子掉落之前，将部分营养物质回收储藏起来。储存方式就是分解叶子的细胞和叶绿体，回收其中重要的成分，储存在枝干中以备来年春天使用。此时叶绿素已经不再大量合成，并且在一系列的化学反应下被分解成透明的物质，绿色没有了，黄色的色素就显露出来了。那么，为什么有的叶片还出现了红色呢？

银杏树的叶子，在秋天会呈现出美丽的金黄色

因为植物叶片的细胞内还含有花青素，花青素的存在会使叶片呈现红色。枫树、乌桕、爬山虎等植物的叶子就会随着花青素的增多而渐渐由绿变红。根据花青素和其他成分在叶片中的含量，叶片可呈现鲜红、腥红、深红、紫红等不同色彩。枫树的叶子在秋天变红就是因为花青素的作用，尤其是在气温较低的地方，枫叶的红色会更加鲜艳。

秋天枫树的叶子

你可能会问，为什么叶子通常会变成黄色或红色，而不是其他颜色呢？这与色素的种类有关。类胡萝卜素和花青素是植物体内最常见的色素，而其他颜色的色素在植物体内的含量相对较少。当然，有些植物的叶子还可能变成橙色或紫色，这通常是因为叶子中类胡萝卜素和花青素两种色素混合在一起，由于比例不同，而产生了多种颜色。

橙色或紫色的叶子

叶子的颜色变化不仅是因为色素的作用，还受到温度、光照等环境因素的影响。不同颜色的叶子点缀着不同的季节，让每个季节都有自己的风光。植物的叶子变色是大自然中的一种神奇现象。古人曾问过："晓来谁染霜林醉？"现在你知道这个问题的答案了吗？

第四章
永恒的主题

广玉兰作为行道树是如何守护我们的健康的？

广玉兰不仅装点着我们的环境，还默默地守护着我们的健康和安全。

在公园、社区或道路两旁，你经常可以看到广玉兰那挺拔、壮丽的身姿。它的根系发达、材质坚韧，具有极强的抗风和耐旱能力。除此之外，广玉兰还具有抗污染能力。

环境污染导致空气中的有害气体增多，城市里的绿化植物就像“空气净化器”，它们的叶子能吸收有害气体。其中，二氧化硫分布最广、影响也最严重，但是植物吸收二氧化硫后可以将其转化成无害成分，相当于“解毒”，而植物自身仍能保持原来的生机。不同的树种吸收二氧化硫的能力不一样，并不是所有树木都能耐得住二氧化硫的“侵袭”。广玉兰叶片具有极强的吸收二氧化硫的能力，能够吸附有害气体，叶子表面有细微的绒毛和蜡质层，所以还可以捕捉空气中的尘埃和微粒。因此，广玉兰被称为“空气净化器”，这也使得它在城市绿化中得到广泛应用。

除了在空气质量改善方面的贡献，广玉兰还被广泛应用于街道绿化。它的树叶厚实，四季常青，病虫害少，在夏天可以为路上的行人遮阴，美化街道环境。开花时更是一道亮丽的风景线，给人以视觉和嗅觉上的愉悦体验。

除了广玉兰，许多其他绿植也对我们的健康与生活产生了积极的影响。例如，芦荟和吊兰是家喻户晓的植物。它们不仅美化环境，还能吸收空气中的有害物质。新装修的墙面、新家具中通常会含有例如苯、甲醛等挥发性的化学物质，对人体健康有害。摆几盆芦荟或者吊兰，它们就像一个个小小的“空气清洁工”，默默地净化着室内空气。常青树如松树和柏树则和广玉兰一样，一年四季保持绿色，具有很强的抗风能力，能够在风沙大的地方起到保护土壤、抵挡风沙的作用。此外，常青树还能调节环境湿度，它们吸收大量水分并释放湿气，帮助保持空气湿润。

植物的香气不仅令人放松，有的还能驱赶蚊虫，例如艾草、迷迭香、薰衣草的香气能醒脑明目，使人舒适，对驱除蚊蝇也有一定作用，因为它们含有蚊虫排斥的物质。

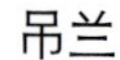

吊兰

芦荟

植物给予了我们什么？

谷物

调味料

茶

中药

植物在我们的生活中无处不在，不仅为我们提供食物、药物，还在生态环境、艺术创作、科学技术等各个领域发挥着巨大的作用，同时给予人类无限的启发。

植物不仅帮助我们净化环境、守护我们的健康，还是我们最主要的食物来源。除了蔬菜、水果，我们每天吃的米饭、面条、面包等，都来自于植物。米饭来自水稻的种子，面条和面包则是由小麦磨出的面粉制成的。此外，植物还为我们提供了调味料和香料，比如八角、胡椒、茴香等，它们让食物更加美味。

然而，就“吃”而言，植物的价值还有很多。植物自古以来就是人类的“天然医生”。广玉兰的干燥的花蕾与树皮都具有药用价值，含有柠檬醛、丁香油酸等挥发油，还含有木兰花碱、生物碱、望春花素等成分，具有“祛风散寒，行气止痛”的功效，据说可以缓解头痛、鼻塞、腹泻等症状。除了广玉兰，还有许多植物可以用来缓解、治疗疾病，比如甘草可以止咳，山楂能帮助消化，芦荟的提取物能减轻晒伤和蚊虫叮咬的不适。许多中药是由植物制成的，甚至我们常喝的绿茶、菊花茶、姜茶等也具有丰富的健康功效。

在科技领域，植物也扮演着重要角色。例如，科学家们利用植物的光合作用，开发出植物发电技术，这种技术可以将太阳能转化为电能，为偏远地区提供可再生能源。此外，植物还为环保材料的研发提供了灵感。科学家们用玉米茎秆、竹子等植物材料制造出可降解塑料，减少了对环境的污染。在日常生活中，植物的气味也帮助我们保持健康和放松。比如，薰衣草的香味能够帮助我们放松，有助于入眠；薄荷的清香能让我们精神振奋。

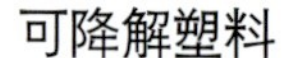

可降解塑料

植物熏香

植物启发艺术创作

被赋予情感的花束

而在文化领域，植物则往往成为象征意义的载体。比如，橄榄枝象征和平，竹子代表着坚韧与高尚，玫瑰花则与爱情密不可分。在情人节或其他特殊的日子里，花卉常常被用来传递情感。

植物的生存方式和独特的结构启发人类发明了许多新技术。水珠划过荷叶表面却不留痕迹，经研究发现这种现象与荷叶表面微观结构有关，这启发了人们发明防水衣物、防水雨伞；有些植物的种子上带有许多小刺，刺末端弯曲成勾状，可以轻松附着在动物的皮毛上，这种结构启发了人们发明了如今应用广泛的“魔术贴”；锯子的发明也和植物有关，传说鲁班就是不慎被野草割伤后受到启发，发明了锯子。

植物对于人类的重要性不言而喻，尽管人类已经取得了许多成就、发明创造了很多技术，但在大自然面前，我们永远是学生。

荷叶　防水冲锋衣

苍耳　魔术贴

茅草　锯子

结语
探索自然，保护自然

花开了又败，叶由绿变黄，生命循环往复，新旧交替，植物的每一刻，都在地球演变的漫长的时间线里留下印记。

广玉兰，这种古老而美丽的植物，是大自然赐予我们的珍宝。它不仅仅是我们身边的绿化植物，还代表着地球上复杂的生态系统。在探索广玉兰的生长过程，花、叶等结构，以及它对人类的作用时，我们变得更有耐心、更细心，提高了深入思考问题的能力。其实，探索广玉兰的过程比得到结果还要有价值，因为它让我们不断学习、发现新事物。“探索”这个过程，其本身的价值或许不直观，但是可以潜移默化地带给我们正向的影响，所以请一直保持好奇心和探索欲。

大自然是人类赖以生存发展的基本条件。我们是自然的一部分，我们呼吸的空气、喝的水、吃的食物，都来自大自然。保护大自然就是在保护我们自己。反之，破坏自然，人类就会失去生存发展的根基。

然而，受人类活动的影响，许多植物正面临着生存的威胁、灭绝的风险，其中也包括不少木兰科植物。尽管木兰科植物具有古老的演化历史和广泛的生态适应性，但它们在现代面临着各种威胁，这些威胁大多数的来源是人类活动，如人类砍伐森林，导致栖息地破坏；碳排放过度导致气候变化；城市扩张、过度放牧等，导致生态系统退化。除了推动可持续发展的生态保护措施，人类还可以通过科学研究和有针对性的保护工作来保护木兰科植物。

意识到形势严峻的人们，开始建立保护区，进行种质资源的收集和保存。我国现在已设立有近500个国家级自然保护区，守护着珍稀动植物和典型的自然生态系统。位于云南昆明的中国西南野生生物种质资源库，是中国野生生物种质资源的收集、保存和研究平台。它低调且神秘，被称为“种子银行”，是世界三大种子库之一。在这里，科学家们用冬眠法等方法保存了上万种植物的种子，包括我国的特有种、珍稀濒危种及具有重要价值的物种的种子，其中就包括许多濒危木兰科植物的种子。这样，即使某些物种在自然环境中消失了，人类依然可以通过这些保存下来的种子或基因重新培育它们。这些努力就像为大自然的未来买了“保险”，保护了地球生物多样性。

种子研究

在日常生活中，我们也可以做很多事情来保护大自然。首先，可以从身边的小事做起，爱护学校和社区里的树木，不随意摘花、折枝；其次，积极参与植树活动，争做小小志愿者，为地球增添一片绿色；还可以学习并传播环保知识，让更多的人认识到保护自然的重要性。

你知道世界地球日吗？每年的4月22日就是世界地球日，在这一天，世界各地的人们以不同的方式宣传和实践环境保护的观念。还有“地球一小时”，这是一项节能活动，于每年3月的最后一个星期六的晚上八点半到九点半举行，家庭及商界用户关上不必要的电灯及消耗性电器产品一小时，仅一年中的这一小时就可以减少许多污染。积极参与并了解这些活动，不仅能让我们感受到肩上的责任，还能让我们更清楚地认识到地球母亲的现状和面临的危机。

建设绿色家园是人类的共同梦想，未来属于每一个地球公民，保护地球上的广玉兰乃至其他所有生命的责任落在我们的肩上。希望每一个阅读这本书的人，都能成为爱护自然的倡导者和守护者，让地球永远充满生机与活力，让我们自己能够在绿水青山中共享生命之美、自然之美、生活之美。

尊重自然、顺应自然、保护自然